Lucie Rimpel

Aus der Reihe: e-fellows.net stipendiaten-wissen

e-fellows.net (Hrsg.)

Band 573

Feldmessung der Bodenatmung

Vorstellung und Diskussion der Methoden

GRIN Verlag

Bibliografische Information der Deutschen Nationalbibliothek:

Die Deutsche Bibliothek verzeichnet diese Publikation in der Deutschen National-
bibliografie; detaillierte bibliografische Daten sind im Internet über http://dnb.d-
nb.de/ abrufbar.

Dieses Werk sowie alle darin enthaltenen einzelnen Beiträge und Abbildungen
sind urheberrechtlich geschützt. Jede Verwertung, die nicht ausdrücklich vom
Urheberrechtsschutz zugelassen ist, bedarf der vorherigen Zustimmung des Verla-
ges. Das gilt insbesondere für Vervielfältigungen, Bearbeitungen, Übersetzungen,
Mikroverfilmungen, Auswertungen durch Datenbanken und für die Einspeicherung
und Verarbeitung in elektronische Systeme. Alle Rechte, auch die des auszugsweisen
Nachdrucks, der fotomechanischen Wiedergabe (einschließlich Mikrokopie) sowie
der Auswertung durch Datenbanken oder ähnliche Einrichtungen, vorbehalten.

Impressum:

Copyright © 2012 GRIN Verlag GmbH
Druck und Bindung: Books on Demand GmbH, Norderstedt Germany
ISBN: 978-3-656-31573-5

Dieses Buch bei GRIN:

http://www.grin.com/de/e-book/204915/feldmessung-der-bodenatmung

GRIN - Your knowledge has value

Der GRIN Verlag publiziert seit 1998 wissenschaftliche Arbeiten von Studenten, Hochschullehrern und anderen Akademikern als eBook und gedrucktes Buch. Die Verlagswebsite www.grin.com ist die ideale Plattform zur Veröffentlichung von Hausarbeiten, Abschlussarbeiten, wissenschaftlichen Aufsätzen, Dissertationen und Fachbüchern.

Besuchen Sie uns im Internet:

http://www.grin.com/

http://www.facebook.com/grincom

http://www.twitter.com/grin_com

Feldmessung der Bodenatmung

Lucie Rimpel

I. Inhaltsverzeichnis

1. Parameter Bodenatmung..3

2. Methodenübersicht...4

3. Methodenbeschreibung..5

3.1 geschlossene statische Kammersysteme...5

3.2 geschlossene dynamische Kammersysteme...5

3.3 offene dynamische Kammersysteme..6

3.4 CO2-Quellen-Methode..6

3.5 Substrat-induzierte-Messungen...7

3.6 automatisierte Systeme zur Bodenatmungsmessung..7

4. Methodenvergleich..8

5. Anwendungsbeispiel..9

6. Quellen..11

II. Abkürzungen

ACE	Automated Soil CO2 Exchange System
ATP	Adenosintriphosphat
CO_2	Kohlenstoffdioxid
g	Gramm
HNO_3	Salpetersäure
IRGA	Infrarot-Gasanalysator
NaOH	Natriumhydroxid
O_2	Sauerstoff
SRS	Soil Respiration System

1. Parameter Bodenatmung

Bodenatmung beschreibt den Prozess des Gasaustausches zwischen Bodenorganismen und ihrer Umwelt (Lou und Zhou 2006). Dabei diffundiert CO_2 aus dem Boden in die Atmosphäre. Dies geschieht aufgrund von Dichteunterschieden. Der Partialdruck bzw. der Gehalt von CO_2 ist in der Bodenluft in der Regel höher als in der Atmosphäre. Das zum Druckausgleich bestrebte Gas diffundiert daher vom höheren Druck zum geringeren. O_2 hingegen diffundiert aus der Atmosphäre in den Boden, da der Partialdruck von O_2 in der Atmosphäre höher ist als im Boden. Der CO_2-Gehalt ist höher, je feinkörniger ein Boden ist. Mit zunehmender Feinkörnigkeit nimmt die Luftkapazität einer Bodens ab und somit der CO_2-Gehalt zu. Dies gilt ebenso für nasse Böden, je nässer ein Boden ist, desto höher ist sein CO_2-Gehalt in der Regel. (Blume et al. 2010)

Der Gasaustausch des Bodens mit der Atmosphäre besteht aus zwei Komponenten, der Wurzelatmung und der Atmung durch Bodenorganismen. Die Atmung der Bodenorganismen kann man weiterhin in die CO_2-Freisetzung durch den Abbau der organischen Substanz, die Atmung der Boden- und Mikroorganismen und die mikrobielle Atmung in der Rhizosphäre unterteilen. (Comsted et al. 2009)

Pflanzen und Bodenorganismen nutzen den Prozess der Atmung zur Gewinnung von Energie. Mit Ausnahme der Mikroorganismen können alle Pflanzen und Bodentiere nur die aeroben Atmungsprozesse nutzen, einige Mikroorganismen können nur oder zusätzlich zur aeroben Atmung die anaerobe Atmung nutzen. Bei der aeroben Atmung wird bspw. Glucose mit Sauerstoff zu Kohlendioxid und Wasser unter der Entstehung von ATP umgesetzt. Bei der anaeroben wird statt Sauerstoff HNO_3 genutzt und es entstehen Acetat, Kohlendioxid und Ammoniak. Wenn also ein Boden nicht ausreichend belüftet wird und nicht genügend O_2 in den Boden diffundieren kann, ist die aerobe Atmung nicht mehr möglich und der Boden kann anaerob werden. (Fuchs 2007)

Die Höhe der Bodenatmung ist von verschiedenen Faktoren abhängig. Der Bodentyp beeinflusst durch unterschiedliche Luftkapazitäten und Diffusionsraten die Bodenatmung. Temperatur und Feuchtigkeit spielen ebenso eine große Rolle. Je kälter es ist, desto inaktiver werden die Mikroorganismen im Boden. Bei starker Trockenheit ist die mikrobielle Aktivität gehemmt, ebenso das Pflanzenwachstum und damit die Wurzelatmung. Auch die Nährstoffverfügbarkeit hat einen Einfluss auf die mikrobielle Aktivität und die Wurzelatmung. (z.B. Schmalfuß 1940; Koepf 1953)

Generell gilt, dass der CO_2-Gehalt in tieferen Bodenlagen höher ist als in den höhere. Bei Sandböden lässt sich die höchste Luftkapazität feststellen, mit steigendem Anteil von Schluff und Ton nimmt die Luftkapazität ab. Auch vom Humusgehalt wird diese beeinflusst. Bei Sanden nimmt die Luftkapazität mit steigendem Humusgehalt ab, bei Lehm und Ton zu. Mit steigendem Luftvolumen steigt der O_2-CO_2-Gasaustausch des Bodens mit der Atmosphäre an. (Blume et al. 2010)

Der Boden kann sowohl als CO2-Quelle als auch als –Senke dienen (Comsted et al. 2009). Diese Problematik spielt bei den Untersuchungen zum Klimawandel eine sehr große Rolle.

Die Bodenatmung kann als Maß für den Mikroorganismenbestand, die Mikroorganismentätigkeit, die Abbaufähigkeit des Bodenhumus und das Kohlendioxidbildungsvermögen angesehen werden. Im Ganzen gesehen gibt die Bodenatmung damit Aufschluss über den Fruchtbarkeitszustand eines Bodens, da ein hoher Mikroorganismenbestand sowie eine hohe Mikroorganismentätigkeit auf eine hohe Nährstoffverfügbarkeit rückschließen lassen. (Schmalfuß 1940)

2. Methodenübersicht

Um Bodenatmung zu messen, kann entweder die O_2-Aufnahme oder die CO_2-Abgabe des Bodens gemessen werden. Die heutzutage genutzten Methoden basieren vorwiegend auf der Messung der CO_2-Aufnahme des Bodens.

Die Bodenatmung im Freiland lässt sich durch verschiedene Messverfahren bestimmen. Hier werden die Methoden zur Bestimmung der gesamten Bodenatmung betrachtet. Ferner gibt es Methoden, mit denen die Komponenten der Bodenatmung einzeln ermittelt werden können. Genauer betrachtet werden sollen die dynamischen und statischen Kammermethoden, also die geschlossene statische Kammer, die offene und die geschlossene dynamische Kammer. Des Weiteren wird eine Methode eingeführt, mit der sich der CO_2-Ausstoß in tieferen Schichten messen lässt, die Erdgasmethode. Außerdem wird noch eine Methode vorgestellt, mit der sich die maximal mögliche Rate des CO_2-Ausstoßes bei vollständiger mikrobieller Aktivität ermitteln lässt. Diese Messungen basieren auf Substratinduzierung.

3. Methodenbeschreibung

3.1 geschlossene statische Kammersysteme

Bei den geschlossenen statischen Kammersystemen wird eine oberirdisch vollständig geschlossene Kammer ein Stück weit in den Boden versenkt. Nach unten hin ist das Kammersystem geöffnet. In die Kammer wird eine CO_2-absorbierende Chemikalie gestellt, mit Hilfe welcher anschließend festgestellt werden kann, wie viel CO_2 aus dem Boden diffundiert ist. Als Expositionszeit sollten maximal 24 Stunden ansetzt werden. Bei längeren Messungen muss die Chemikalie täglich oder nach Bedarf gewechselt werden. Es besteht zusätzlich die Möglichkeit, über eine Spritze Luftproben aus dem Kammersystem zu entnehmen und im Labor mit einem Gaschromatographen zu analysieren. (Lou und Zhou 2006)

Anhand der verwendeten Chemikalien lassen sich die Alkali-Methode und die Soda-Lime-Methode unterscheiden. Bei der Alkalimethode wird eine 0,5-1M Lösung aus NaOH oder KOH in das Kammersystem gestellt. Die Chemikalie absorbiert das CO_2 aus der Kammerluft. Durch Titration kann anschließend der CO_2-Gehalt der Chemikalie bestimmt werden und damit die Bodenatmung berechnet werden. (Lou und Zhou 2006)

Bei der Soda-Lime-Methode wird eine Mischung aus Soda und Calziumhydroxid verwendet. Dieses bildet bei der Reaktion mit CO_2 Carbonate. Dadurch steigt das Gewicht der Lösung an. Aus dem veränderten Gewicht heraus kann anschließend der CO_2-Gehalt der Chemikalie bestimmt und daraus auf die Höhe Bodenatmung geschlossen werden. (Lou und Zhou 2006)

3.2 geschlossene dynamische Kammersysteme

Die geschlossenen dynamischen Kammern haben ihren Namen deshalb erhalten, weil zwar Luft durch das Kammersystem zirkuliert, die Kammer allerdings zur Umgebungsluft hin geschlossen ist. Die Luft zirkuliert dabei zwischen der Kammer und einer Messeinheit. Die Zirkulation wird durch eine Pumpe beschleunigt. Beim Eintreten in die Kammer weist die Luft einen geringeren CO_2-Gehalt auf als beim Austreten aus der Kammer. Die Messeinheit besteht aus einem Durchflussmesser, welches die Menge der Luft misst, und einem IRGA (Infrarot-Gasanalysator), welcher den CO_2-Gehalt der Luft misst. Ein Datenlogger sammelt und speichert die Daten. Die Luft wird in periodischen Abständen gemessen. (z.b. Bain et al. 2005; Lou und Zhou 2006)

Aus den unterschiedlichen CO_2-Konzentrationen zwischen eintretender und austretender Luft kann die Bodenatmung F mit Hilfe der folgenden Gleichung berechnet werden.

$$F = \frac{(c_f - c_i)V}{\Delta t A} \tag{1}$$

Mit ci = eingehende CO2-Konzentration, cf = angereicherte CO2-Konzentration, V = Volumen in der Kammer, Δt = Zeit zwischen den Messungen, A = Fläche, die die Kammer überdeckt. (Lou und Zhou 2006)

3.3 offene dynamische Kammersysteme

Die offenen dynamischen Kammersysteme tauschen ständig Luft mit der Umgebung aus, es gibt keinen geschlossenen Kreislauf. Dabei wird die Umgebungsluft zunächst als Referenz durch einen Durchflussmesser und ein IRGA gemessen und analysiert. Diese Referenzluft wird mit der Luft verglichen, die durch die Kammer strömt, welche ebenfalls durch ein IRGA und einen Durchflussmesser analysiert wird. Anhand der unterschiedlichen CO_2-Konzentrationen der Umgebungsluft und der Kammerluft kann die Bodenatmung F mit Hilfe der folgenden Gleichung berechnet werden.

$$F = \frac{u_o c_o - u_e c_e}{A} \tag{2}$$

Mit u_o = austretende Luftmenge, c_o= CO_2-Konzentration der austretenden Luft, u_e= eintretende Luftmenge, c_e= CO_2-Konzentration der eintretenden Luft, A = Fläche, die von der Kammer überdeckt wird. (z.B. Lou und Zhou 2006; Subke et al. 2002)

3.4 CO2-Quellen-Methode

Mit Hilfe der Erdgasmethode kann die CO_2-Konzentration der Luft in mehreren Tiefen gemessen werden. Dafür wird mittig in jedem vorhandenen Horizont ein Probenentnahmerohr installiert, damit aus den jeweiligen Tiefen Luftproben gesammelt werden können. Diese Proben werden dann mit einem IRGA analysiert. Durch diese Methode können die Bodenatmungsraten in den verschiedenen Horizonten verglichen werden und so Rückschlüsse auf die mikrobiellen Aktivitäten in den einzelnen Tiefen gezogen werden. (Lou und Zhou 2006)

3.5 Substrat-induzierte Messungen

Durch die substrat-induzierten Messungen lässt sich die maximale Atmungsrate des Bodens messen. Dafür wird in den Boden ein Substrat, meist Glukose, induziert. Im Feld werden dazu bis zu 6 g gelöste Glucose pro kg Boden induziert. Die Bodenatmung wird anschließend mit einer der bisher beschriebenen Kammermethoden gemessen. Die Messergebnisse können zur Berechnung Mikrobenbiomasse genutzt werden. Wichtig ist, dass in den ersten Minuten nach Zugabe des Substrates gemessen wird, da es zu einer raschen Vermehrung der Mikroorganismen kommt, welche das Messergebnis beeinflussen. (Kirsch et al. 1999)

3.6 automatisierte Systeme zur Bodenatmungsmessung

Zur Feldmessung der Bodenatmung wurden einige automatisierte Systeme entwickelt, meist basierend auf den offenen dynamischen oder den geschlossenen dynamischen Kammermethoden. Je nach Bedarf gibt es Systeme für Langzeitstudien, großflächige Systeme oder Systeme für schnelle und kurzfristige Messungen.

Gängige Systeme sind die SRS-Serie (Soil Respiration Systems) und ACE-Systeme (Automated Soil CO2 Exchange Systems). Die SRS-Serie sind Systeme, die aus zwei Komponenten bestehen, einer Einheit zum Speichern und Einsehen der Werte und der Kammer mit integriertem IRGA. Durch diese Zweiteilung besteht eine besonders hohe Portabilität. Der Kammerteil kann dauerhaft im Freiland gelassen werden. Das gesamte System ist sehr leicht und handlich, der Akku hält bis zu 16 Stunden. Diese Systeme sind vor allem für die Messung eines Tagesganges oder einmalige Messungen geeignet. Für Langzeitmessungen oder großflächige Messungen eignen sich die ACE-Systeme besser. Diese Systeme bestehen nur aus einer Komponente, IRGA und Datenlogger sind direkt im System integriert. Die Laufzeit ohne Aufladung beträgt circa 28 Tage. Bis zu 30 dieser Einzelstationen lassen sich in einer Mastereinheit miteinander verbinden und können von dieser gesteuert werden. Ebenso können die Daten aller Einzelsysteme über die Mastereinheit eingesehen und verwaltet werden. (Bernt Zugriff 08.07.2012)

4. Methodenvergleich

Die geschlossenen statischen Kammersysteme haben den Vorteil, dass sie vergleichsweise sehr preiswert sind. Es können durch das Entnahmeröhrchen leicht zusätzliche Proben entnommen werden. Problematisch ist, dass die Methode zeitaufwendig ist. Es können keine kontinuierlichen Messungen durchgeführt werden. Durch die CO_2-absorbierende Chemikalie befindet sich in der Kammer weniger CO_2 als vergleichsweise in der Umgebungsluft. Aufgrund des herabgesenkten Partialdrucks von CO_2 in der Kammer stößt der Boden dort mehr CO_2 aus. Die CO_2-Emmission ist somit 70-20% zu hoch. (Bekku et al. 1996)

In den geschlossenen dynamischen Kammersystemen sammelt sich zunehmend mehr CO_2 in der zirkulierenden Luft an, da in diesen Kammersystemen kein Austausch der Luft mit der Umgebungsluft stattfindet und das CO_2 in der Kammer nicht durch Chemikalien absorbiert wird. Durch diese Ansammlung entsteht in der Kammer eine höhere CO_2-Konzentration als in der Umgebungsluft. Aufgrund des erhöhten Partialdrucks diffundiert weniger CO_2 in die Kammer als in der Umgebung, was zu einem Herabsenken der Werte der Bodenatmung führt. Die Werte liegen ca. 12% unter denen der geschlossenen statischen Kammersysteme mit Alkalitrappin. Die Werte der geschlossenen statischen Kammersysteme werden durch den zu niedrigen Partialdruck von CO_2 in der Kammer stärker beeinflusst als die Werte in den geschlossenen dynamischen Kammersystemen durch den zu hohen Partialdruck von CO_2. Die beiden Kammersystemarten zeigen größere Unterschiede in den Werten, je höher die Bodenatmung ist. Die meisten kommerziell erhältlichen Kammersysteme basieren auf den geschlossenen dynamischen Kammersystemen, auch die automatisierten Kammersysteme vorrangig. Es wird etappenweise gemessen, nicht kontinuierlich. (z.B. Bekku et al. 1996; Emran et al. 2011; Sainju et al. 2011; Yim et al. 2001)

Die offenen dynamischen Kammersysteme stehen in ständigem Austausch mit der Umgebungsluft, wodurch es zu keiner verfälschenden Akkumulationen der CO_2-Konzentration in der Kammer kommt. Der Partialdruck in der Kammer ist dadurch weitestgehend identisch mit dem der Umgebungsluft. Die Messwerte dieser Methode weisen die höchste Genauigkeit auf. Es ist eine kontinuierliche Messung möglich. Druckunterschiede in der Kammer oder der Umgebungsluft, z.B. durch Wind, können zu Verfälschungen der Messergebnisse führen. (z.B. Bekku et al. 1996, Lou und Zhou 2006)

5. Anwendungsbeispiel

K. Adam und K. Stahr haben Einflussfaktoren auf den CO_2-Ausstoß von Grünland und Waldböden im Westallgäuer Hügelland untersucht. Ziel war herauszufinden, welche Faktoren den CO_2-Ausstoß des Bodens beeinflussen. Die Betrachtungsebene ist hierbei die Landschaftsebene. Als Methode wurde eine modifizierte Methode der geschlossenen dynamischen Kammer verwendet. Gemessen wurde an elf Standorten mit jeweils zehn Wiederholungen. Die untersuchten Böden sind Vertreter der Jungmoränenlandschaft. Acht Standorte waren im Grünland, drei im Waldgebiet. Der Untersuchungszeitraum betrug ein Jahr, von November 1996 bis November 1997. (Adam und Stahr 1997)

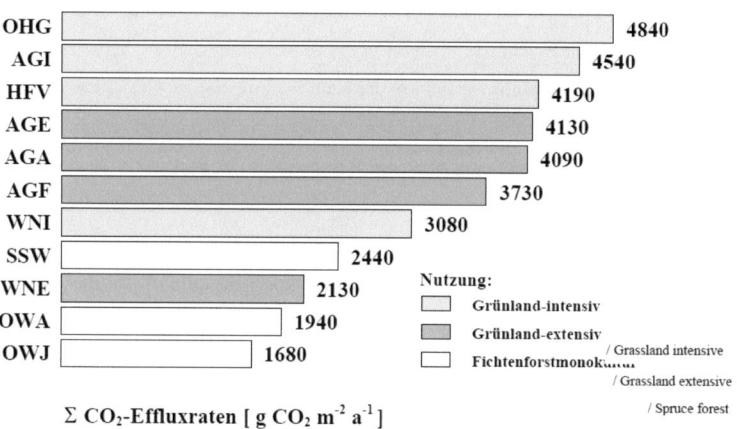

Abb. 1: Vergleich der Summen der CO_2-Effluxraten von 11 Untersuchungsstandorten im Meßzeitraum Nov. 1996- Nov. 1997 (Quelle: Adam und Stahr 1997)

Die Messergebnisse zeigten, dass im Grünland 2-3 mal mehr CO_2 von den Böden ausgestoßen wurde als im Waldgebiet. Am meisten CO_2-Ausstoß lässt sich bei den Böden feststellen, die intensiv bearbeitet wurden. Der Standort OHG weist mit 4,8 kg CO_2 m^{-2} a^{-1} die höchste Bodenatmung auf. Dies ist ein intensiv bearbeiteter Boden im Grünland. 1,7 CO_2 m^{-2} a^{-1} ist die kleinste über den Zeitraum gemessene Bodenatmung. Diese wurde beim Standort OWJ im Waldgebiet gemessen. Es lässt sich vermuten, dass die Nutzungsform einen besonders großen Einfluss auf den CO_2-Ausstoß hat. Die Böden AGI und AGE sind unterschiedlich stark bewirtschaftet worden, AGI besonders intensiv. Die gemessenen absoluten Werte zeigen keine großen Unterschiede. Dies deutet darauf hin, dass die Nutzungsintensität einen geringen

9

Einfluss auf den CO_2-Ausstoß der Böden hat. Die Versuchsstandorte WNI und WNE weisen trotz der Nutzungsform des Grünlands geringe Werte der CO_2-Emmission auf. Der Unterschied zu den anderen Versuchsstandorten besteht darin, dass bei diesen beiden der Grundwasserspiegel sehr hoch steht. Hieraus kann man schließen, dass ein hoher Grundwasserspiegel den CO_2-Ausstoß des Bodens hemmt. (Adam und Stahr 1997)

Die Messergebnisse zeigen auf, dass die Einflussfaktoren der CO_2-Abgabe der Böden einer Hierarchie unterliegen. An erster Stelle steht dabei die Nutzungsform. An zweiter Stelle steht der Wasserhaushalt der Böden. Hierbei wurde festgestellt, dass ein hoher Grundwasserspiegel hemmend auf den CO_2-Ausstoß der Böden wirkt. Die Nutzungsintensität hat nur einen sehr geringen Einfluss auf die CO_2-Abgabe der Böden. Das Bestandsalter des Waldes kann die CO_2-Emmission gering beeinflussen. (Adam und Stahr 1997)

6. Quellen

Adam und Stahr: Einflußfaktoren auf den CO2-Efflux aus Grünland und Waldböden in SW-Deutschland. *Institute for Soil Science and Land Evaluation, Universität Hohenheim* November 1997

Bain et al.: Wind-induced error in the measurement of soil respiration using closed dynamic chambers. *Division of Engineering and Applied Sciences and Department of Earth and Planetary Sciences, Harvard University* 23. März 2005: 225-232.

Bekku et al.: Examination of four methods for measuring soil respiration. *Department of Biology, Faculty of Science, Tokyo Metropolitan Uniuersity* 11. August 1996: 247-254

Bernt Messtechnik: *Bodenatmung* [online], erreichbar unter: <http://www.berntgmbh.de/produkte/oekophysiologische-messgeraete/bodenatmung.html> [aufgerufen am: 08.07.2012].

Comsted et al.: Autotrophic and heterotrophic soil respiration in a Norway spruce forest: estimating the root decomposition and soil moisture effects in a trenching experiment. *Biogeochemistry* 16. Oktober 2009: 121-132.

Emran et al.: Comparing measurements methods of carbon dioxide fluxes in a soil sequence under land use and cover change in North Eastern Spain. *Soil Science Unit, Department of Chemical Engineering, Agriculture and Food Technology* 28. März 2011: 176-185.

Fuchs et al. (2007): *Allgemeine Mikrobiologie.*

Kirsch et al.: Feldmethode zur Bestimmung der Substrat-induzierten Bodenatmung. *Institut für Pflanzenbau* 5. Dezember 1999: 165-171.

Koepf: Die biologische Aktivität des Bodens und ihre experimentelle Kennzeichnung. *Institut für Geologie und Bodenlehre an der Landwirtschaftliche Hochschule Hohenheim* 22. Oktober 1953: 138-146.

Lou und Zhou (2006): *Soil respiration and the Environment.*

Sainju et al.: Comparison of soil carbon dioxide flux measurements by static and portable chambers in various management practices. *USDA-ARS, Northern Plains Agricultural Research Laboratory* 3. August 2011: 123-131.

Schmalfuß: Über Bodenatmung. *Institut für Pflanzenernährungslehre und Bodenbiologie der Universität Berlin in Berlin-Dahlem* 24. Juni 1940: 442-454.

Subke et al.: Explaining temporal variation in soil CO2 efflux in a mature spruce forest in Southern Germany. *Soil Biology & Biochemistry* 22.06.2002: 1467-1483.

Yim et al.: Comparison of field methods for measuring soil respiration: a static alkali absorption method and two dynamic closed chamber methods. *Department of Environmental Dynamics and Management, Graduate School of Biosphere Sciences, Hiroshima University* 28. Mai 2001: 189-197.